Bibliografische Information der Deutschen Nationalbibliothek:

Die Deutsche Bibliothek verzeichnet diese Publikation in der Deutschen National-
bibliografie; detaillierte bibliografische Daten sind im Internet über http://dnb.d-
nb.de/ abrufbar.

Impressum:

Copyright © 1975 GRIN Verlag, Open Publishing GmbH
Druck und Bindung: Books on Demand GmbH, Norderstedt Germany
ISBN: 9783668589216

Dieses Buch bei GRIN:

http://www.grin.com/de/e-book/383618/ein-abenteuer-in-namibia-olaf-otto-dill-
manns-fahrt-nach-suedwest

Olaf Otto Dillmann

Ein Abenteuer in Namibia. Olaf Otto Dillmanns Fahrt nach Südwest

Ein Reisebericht aus dem Jahre 1975

GRIN Verlag

Olaf Otto Dillmanns Fahrt nach Südwest

Ein Reisebericht aus dem Jahre 1975

Von Olaf Otto Dillmann

Vorwort

Südwestafrika, das heutige Namibia, wurde 1975 für mich zum Traumland. Das bereits 1965 erschienene Buch „Traumland Südwest" von Hans-Otto Meissner sollte ich erst viel später lesen ebenso wie „Peter Mohrs Fahrt nach Südwest" von Gustav Frenssen, nachdem ich bereits in den Gesang alter Südwester „Wir lieben Südwest!" begeistert mit eingestimmt hatte. Beide Bücher haben bei vielen Deutschen das Interesse an Südwestafrika – dem heutigen Namibia – geweckt. Aber ein unabhängiger Staat Namibia sollte erst 1990 mit Hilfe der UNO aus der Taufe gehoben werden. Damals wurde das Territorium Südwestafrika (abgekürzt SWA) oder auch nur schlicht Südwest genannt und stand aufgrund eines Völkerbundmandats unter treuhänderischer Verwaltung der Republik Südafrika. Einige Jahre später wurde es üblich von SWA/Namibia zu sprechen bis schließlich 1990 offiziell Namibia als Name des neuen Staates im Südwesten Afrikas festgelegt wurde.

Nach Ableistung meines Wehrdienstes bei der Bundeswehr wollte ich die Zeit bis zum Antritt meines Studiums nutzen, um ein Stück Welt kennenzulernen. Warum fiel die Wahl gerade auf Südwestafrika? Als angehender Student der Geologe wußte ich damals bereits um die vielseitige und faszinierende Geologie des früheren deutschen Schutzgebietes. Damit habe ich auch bereits den zweiten Grund genannt, der mir die Wahl meines Reiseziels leicht machte. Außer an den Naturwissenschaften hatte ich Interesse an Geschichte, insbesondere der Kolonialgeschichte. Was lag also näher als ein Land zu besuchen, in dem das Vermächtnis deutscher Kolonisatoren und Pioniere 57 Jahre nach Ende des Ersten Weltkrieges noch erlebbar sein sollte. Also machte ich mich gemeinsam mit meinem Vater auf die Reise!

Hier nun mein Bericht:

Das Abenteuer Südwest beginnt am Donnerstag, dem 4. September 1975, mit einer 35-stündigen Anreise von Buer i. Westf. zunächst mit der Bundesbahn über Oberhausen nach Düsseldorf, dann mit dem Bus nach Luxemburg, von dort mit einem Flug der Luxavia nach Johannesburg. Mit einem Anschlußflug der South African Airways erreichen wir am Abend des 5. September 1975 den internationalen Windhoeker J. G. Strijdom Lughawe. Von dort geht es mit Shuttlebus ins Zentrum von Windhoek, um dann im Grand Hotel gegen 21 Uhr das gebuchte Zimmer zu beziehen.

Noch am Abend wird ein erster Erkundungsgang über die Kaiserstraße unternommen. Der Versuch, in einem der noch geöffneten Läden eine Flasche oder Dose Bier zu kaufen, scheitert jedoch. Es ist einer der vielen Portugiesen, die ihre Läden zwar nahezu rund um die Uhr geöffnet haben und für ihre Kunden ein großes Warenangebot an Lebensmitteln und Waren des täglichen Bedarfs bereit halten, aber keinerlei alkoholische Getränke verkaufen dürfen. Später soll ich erfahren, daß nur speziell lizensierte Bottle Stores Bier, Wein und Spirituosen verkaufen dürfen. Also bleibt nichts anderes übrig, als den Durst mit einem Bier aus der Hotelbar zu löschen.

Der nächste Morgen bringt eine erste Überraschung. Im Frühstücksraum des Hotels sitzen an nahezu allen Tischen Menschen dunkler Hautfarbe. (Die Angehörigen der verschiedenen in Südwestafrika lebenden Ethnien lerne ich erst später zu unterscheiden). Wie ist diese Beobachtung mit den geltenden Apartheidsgesetzen zu vereinbaren? Wie ich später erfahre, hat kurz zuvor die „Turnhallen-Konferenz" begonnen, eine Delegiertenversammlung aller in Südwest lebenden Völker zur Ausarbeitung einer Verfassung für ein unabhängiges Land, und einige Delegationen haben so wie wir im Grand Hotel Unterkunft gefunden.

Der erste Aufenthaltstag in Windhoek ist also ein Samstag. Daher ist es auch nicht besonders verwunderlich, daß auf der Kaiserstraße am Vormittag ein dichtes Gedränge herrscht. Wie wohl in jeder anderen Stadt der Welt wollen die Menschen an einem Samstagvormittag noch Wochenendeinkäufe tätigen. Ich sehe europäisch gekleidete Windhoeker Bürger jedweder Hautfarbe neben weißen Farmern aus der Umgebung in ihrer typischen, schon fast Tracht zu nennenden Kleidung aus Halbschuhen, einfarbigen langen Wollsocken, kurzer Hose und darüber getragener gleichfarbiger kurzärmeliger Jacke. Dazu ein auffällig unauffälliges Kennzeichen: der an der Wade im Wollsocken getragene Kamm! Unter den Passanten bewegen sich unübersehbar voll Stolz die Frauen der Herero, den einstigen uneingeschränkten Herrschern des Landes, in ihren langen, weiten, bunten, gold- und silberglänzenden Kleidern und typischem zweizipfeligen Kopfputz, der Rinderhörnern nachempfunden ist. Diese Tracht stammt noch aus der deutschen Kolonialzeit und wird auch als Wilhelminische Tracht bezeichnet.

Die Kaiserstraße – Blickrichtung nach Nor- Die Kaiserstraße – Blickrichtung nach Süden
den

Windhoek, mit 75.000 Einwohnern wohl eine der kleinsten Hauptstädte der Welt, hat noch viel von seinem Erbe aus der deutschen Kolonialzeit bis in unsere Tage bewahren können. Alle bedeutenden Bauwerke aus dieser Zeit sind der besonderen Obhut des Staates unterstellt, indem sie zu Kulturdenkmälern erklärt wurden. So zum Beispiel die Deutsche Evangelische Christuskirche aus dem Jahre 1904, der sogenannte „Tintenpalast", erbaut im Jahre 1911 und noch heute Sitz der Verwaltung, oder die Alte Feste, das älteste Gebäude Windhoeks, in der ein Museum eingerichtet ist, das die Geschichte zwischen 1880 und 1914/18 dokumentiert. Nicht vergessen sei der Südwester Reiter in unmittelbarer Nähe der Alten Feste, der an die Opfer des Herero-Aufstandes erinnert. Außerdem findet man viele Straßenzüge mit den niedrigen zum Teil fachwerkartigen, mit rotem Wellblech gedeckten Häusern aus den Tagen der Stadtgründung um 1890. Dazwischen erheben sich jedoch – verirrten Riesen im Zwergenland gleich – zahlreiche moderne Hochhäuser mit Banken, Geschäften und Hotels. Bei einem Spaziergang durch die Stadt stoße ich ständig auf Erinnerung an die deutsche Zeit – zum Beispiel die Straßennamen: Bismarck Str., Goethe Str., Garten Str., Leutwein Str., Schanzenweg und natürlich Kaiserstraße, die Hauptstraße Windhoeks. An der Kaiserstraße, ganz in der Nähe des Hauptbahnhofs, liegt das Hotel „Thüringer Hof" mit seinem „Original Deutschen Biergarten". Weitere Hotels tragen Namen wie „Großherzog", „Kaiserkrone" und „Westfälischer Hof". Zahlreiche Einzelhandelsgeschäfte, in denen ich beim Betreten auf Deutsch begrüßt werde, haben deutsche Inhaber und führen Ihre Tradition bis in die Kolonialzeit zurück – zum Beispiel Wecke & Voigts. Allein mit der deutschen Sprache kann ich mich in Windhoek gut verständigen. Lediglich an amtlichen Dienststellen wie Post oder Bahn, wo beinahe ausschließlich Südafrikaner Dienst tun, muß ich mich schon des Englischen bedienen, um verstanden zu werden – denn Afrikaans spreche ich nicht.

Der „Tintenpalast"   Christuskirche

An dieser Stelle sei erwähnt, daß von den ca. 90.000 in Südwestafrika lebenden Weißen – etwa 12% der Gesamtbevölkerung – annähernd jeder Dritte Deutscher oder Deutschstämmiger ist.

Nach zwei Tagen in Windhoek – es ist Sonntag, der 7. September 1975 – soll nun die Fahrt mit der Eisenbahn nach Norden gehen. Es bedarf wohl keiner besonderen Erwähnung, daß das Bahnhofsgebäude ebenfalls aus deutscher Kolonialzeit stammt. Fahrplanmäßig um 20Uhr30 setzt sich der Zug nach Otjiwarongo in Bewegung und verläßt den Bahnhof.

Es ist gegen 24 Uhr als der Zug in den Bahnhof von Okahandja, ca. 70km nördlich von Windhoek, einfährt. Es vergehen zehn Minuten, dreißig Minuten ... eine Stunde – darüber schlafe ich schließlich ein.

Als ich am nächsten Morgen aufwache, es ist gegen 5 Uhr und noch dunkel, steht der Zug noch immer im Bahnhof von Okahandja. Zunächst bin ich noch der Meinung, dieser nächtliche Halt sei durchaus planmäßig und wäre eine Erklärung für die dreizehn Stunden, die der Zug für die rund 400km bis Otjiwarongo fahrplanmäßig benötigt. 9 Uhr soll die Ankunftszeit in Otjiwarongo sein. Um 8 Uhr steht der Zug noch in Okahandja und es gelang mir in Erfahrung zu bringen, daß der Zug wegen Gleisarbeiten – in Südwest sind die Strecken seit Kaisers Zeiten eingleisig – nicht weiterfahren könne und wann es weitergehe, wisse man nicht. Im den hinteren Waggons des Zuges sitzen südafrikanische Soldaten. Die lassen sich ihre Laune durch den erzwungenen Halt nicht verderben.

Gegen 11 Uhr setzt sich der Zug nun wieder zögerlich in Bewegung. Die Reise führt durch eine gleichförmige Dornbuschsavanne. Zäune, die dem Gleis zu beiden Seiten folgen, deuten an, daß das Land für die Viehhaltung genutzt wird. Hin und wieder erkenne ich vom Zug eine kleine Farm oder einige Rinder. Bisweilen hält der Zug an einer der wenigen unmittelbar an der Strecke liegenden Bahnarbeitersiedlungen. Hier verlassen einige Bahnreisende den Zug oder steigen neu hinzu. Zwei größere Städte liegen an der Bahnstrecke: Karibib und Omaruru. Ansonsten macht das Land auf mich den gleichen wildverträumten Eindruck, den es auf die ersten deutschen Siedler, die sich seit den Achtzigerjahren des 19. Jahrhunderts in dieses nur dünn von Eingeborenen besiedelte Gebiet wagten, gemacht haben muß.

Wie schon in Windhoek kann ich nun auch jetzt vom fahrenden Zug geologische Beobachtungen machen. Zahlreiche wohlgerundete Hügel und Kuppen, die wie von den Bergen in der Ferne abgelöst erscheinen und sich bis dicht an die Bahnstrecke vorschieben, deuten mit ihrer typischen Wollsackverwitterung auf die Granite im Untergrund hin. Zahlreiche

Riviere, Flußläufe, die den größten Teil des Jahres trocken liegen, sich aber während ergiebiger Regenzeiten in reißende Ströme verwandeln können, werden von Eisenbahnbrücken überspannt. Nur den größten dieser Riviere gelingt es durch die wasserlose Namibwüste den Atlantik zu erreichen, die meisten enden durch die sengende Sonne und die ausgetrockneten Sandmassen ihres Wassers beraubt irgendwo in der Wüste …

Gegen 21 Uhr – mit zwölfstündiger Verspätung - fährt nun der Zug im Bahnhof von Otjiwarongo, dem Weidegrund des fetten Viehs wie die deutsche Übersetzung aus der Sprache der Herero lautet, ein. Glücklicherweise erwartet uns am Bahnsteig ein Sohn der Familie Becker, Reinhard, der uns eigentlich schon 9 Uhr hat abholen wollen. Nun schließt sich noch eine etwa dreistündige Autofahrt an ehe das endgültige Ziel der Reise, die Farm Chairos am Huab-Rivier, gegen Mitternacht erreicht ist. Nach einer kleinen Mahlzeit und einem erfrischenden Südwesterbier ziehen wir uns zur Nachtruhe in das uns zugewiesene Zimmer zurück.

Am nächsten Morgen geht es nach einem guten Farmerfrühstück an die erste Erkundung der Örtlichkeit. Die Farm Chairos ist seit 1907 im Besitz des Familie Becker. Zur Farm gehören 5.000 ha Weideland, das für die Rinderhaltung genutzt wird. Der nächste Nachbar, ebenfalls ein deutschstämmiger Farmer, wohnt etwa 10 km entfernt.

Die Farm besteht aus drei Gebäuden, die um einen Hof gruppiert sind. Da ist zum einen das Hauptgebäude, in dem die Familie Becker wohnt. Rechts davon im rechten Winkel liegt das Gästehaus, das älteste Haus auf dem Farmgelände, das bis 1918 auch als Kaiserliche Post- und Polizeistation genutzt wurde. Davon wiederum rechts dem Haupthaus gegenüber liegt das dritte aus Ziegeln gebaute Haus, in dem sich zur einen Hälfte Gästezimmer, zur anderen Hälfte ein Büro und Garage befinden. Der Hof ist mit einigen schattenspendenden Bäumen bestanden. Die Siedlung der schwarzen Farmarbeiter und ihrer Familien, die Werft, liegt einige hundert Meter von den Farmgebäuden entfernt. Hinter dem Haupthaus schließt sich ein kleines Wäldchen an, das in den Galeriewald, der die Ufer des Huab-Riviers säumt, übergeht. Hier befindet sich auch eine kleine Anpflanzung von Kaktusfeigen, deren Früchte einen Saft liefern, der mit anderen Fruchtsäften gemischt, ein köstliches Erfrischungsgetränk ergibt. Damit bin ich auch schon bei den kulinarischen Spezialitäten der Südwester Farmküche. Zu nennen ist Millipap, ein Brei aus Maismehl und Milch, der zum Frühstück gegessen wird und bei den Buren beliebt ist. Zu jeder Mahlzeit ißt der Südwester gerne und reichlich Fleisch. Frage ich, von welchem Tier das Fleisch stamme, so wird mir fast immer mit Kudu geantwortet. Das wohlschmeckende Fleisch dieser rindsgroßen Antilope wird als Hackfleisch roh oder gebraten, geräuchert, als Steak, als Goulasch oder in mancherlei anderer Art der Zubereitung gereicht. Beliebt ist auch das Fleisch der Oryxantilope, die auch Gemsbok genannt wird. Auf Gemüse scheint der Südwester hingegen nicht so viel Wert zu legen. „Des Farmers liebstes Gemüse ist das Fleisch", wird mir von Reini, dem Farmerssohn, erklärt. An dieser Stelle soll auch noch einmal das äußerst schmackhafte Südwesterbier aus Brauereien in Windhoek und Swakpmund Erwähnung finden.

Farm Chairos am Huab-Rivier   Das Haupthaus

Von Chairos aus, die sich als ausgezeichnete Herberge während des dreiwöchigen Aufenthaltes erweist, ist es möglich, mehr oder weniger ausgedehnte Streifzüge und Exkursionen durch das Land zu unternehmen. Die erste große Fahrt führt zum „Versteinerten Wald", zur Uis Tin Mine und zum Brandbergmassiv.

Am 13. September, dem fünften Tag des Aufenthaltes auf Chairos, beginnen in den frühen Vormittagsstunden – noch ehe die Sonne ihren höchsten Stand erreicht – die Vorbereitungen für die Fahrt. Zunächst wird der Wagen, ein Chevrolet, beladen mit Verpflegung für eineinhalb Tage und drei Personen, Holz, um in den baumlosen Ebenen des Kaokoveldes ein Feuer anzünden zu können, Feldbetten und wohl das Wichtigste, wenn man in den Savannen und Halbwüsten zwischen dem 20. und 22. Südlichen Breitenkreis unterwegs ist, ein Wasservorrat von 100 Litern. Gegen 10 Uhr brechen wir mit Reinhard auf. Zunächst fahren wir in südöstliche Richtung auf Ojtikondo zu, von dort in südwestliche Richtung über Fransfontain nach Welwitschia. Etwa auf halben Wege zwischen Otjikondo und Fransfontain überschreiten wir die Grenze zum Homeland der Berg-Dama. Aufgrund des 1964 beschlossenen Oldendaal-Plans zur Schaffung autonomer Gebiete für die eingeborenen Völker Südwestafrikas wurde 1970 das Damaraland unter Einbeziehung vormaligen weißen Farmlandes geschaffen. Mir fällt auf, daß die wenigen von der Straße im Vorüberfahren zu kennenden Farmgebäude einen recht heruntergekommenen Eindruck machen.

Es gilt für uns noch vor 14 Uhr Welwitschia zu erreichen, um unseren Benzinvorrat zu ergänzen. Nach insgesamt etwa vierstündiger Fahrt erreichen wir die Hauptstadt des Damaralandes und nach kurzem Tankstopp können wir die Fahrt zum „Versteinerten Wald" fortsetzen. Plötzlich mitten in der Monotonie der Fahrt über die staubige Grevelpad gerät der Wagen ins Schleudern. Reinhard lenkt den Wagen vorsichtig an den linken Straßenrand, bringt ihn dann behutsam zum Stehen und bemerkt schlicht „Reifen pap"! Wir steigen aus und besehen uns das Unglück – den linken Hinterreifen hat es erwischt. Wir entladen den Wagen, legen das Reserverad bereit und setzen den Wagenheber an. Sehr schnell müssen wir zu unserem Ärger feststellen, daß der Wagenheber defekt und damit unbrauchbar ist. Nun ist guter Rat teuer. Es ist höchst fraglich, wann und ob überhaupt in nächster Zeit ein anderes Auto diese Straße befahren würde. Die Tankstelle in Welwitschia liegt bestimmt schon über 20 km hinter uns. Also überlegen wir, den Wagen auf eine andere Art anzuheben. Unterdessen nähert sich uns aus einer nahen Hütte ein alter Dama, der sich für unsere mißliche Lage zu interessieren scheint. Nachdem er unsere Lage eingehend studiert hat, bittet er uns, wie wir aus seinen ansonsten unverständlichen Worten entnehmen können, um Tabak. Gerne hätten wir seinen Wunsch erfüllt. Doch weil wir Nichtraucher sind, ist es uns leider nicht möglich, so daß er unverrichteter Dinge wieder zu seiner Hütte zurückkehren muß.

Wir versuchen nun, den mittels Muskelkraft und Unterlegen von Steinen, an denen hier kein Mangel herrscht, den Wagen anzuheben. Aber diesen Bemühungen bliebt der rechte Erfolg versagt. Plötzlich kündigt eine Staubwolk über der Straße das Herannahen eines Autos. Tatsächlich nähert sich und ein Lieferwagen. Wir winken, der Wagen hält bei uns an und zwei Eingeborene steigen aus. Reinhard wechselt mit ihnen einige Worte, sie erkennen unsere mißliche Lage, helfen uns mit ihrem Wagenheber bereitwillig aus und legen auf beim Radwechsel mit Hand an. Binnen kürzester Zeit ist nun die Reifenpanne behoben und die Fahrt kann fortgesetzt werden. Immerhin haben wir durch diese Panne wohl über eine Stunde an Zeit verloren und es ist ein eher beunruhigendes Gefühl nunmehr ohne Reservereifen fahren zu müssen. Aber an einen Abbruch der Fahrt denkt auch keiner von uns.

Nach einiger Zeit hält Reinhard erneut an. Doch alle meine Befürchtungen, es könne sich um eine erneute Panne handeln, zerstreut Reinhard sofort. Er macht mich auf eine botanische Besonderheit aufmerksam, die *Welwitschia mirabilis*, eine zapfentragende Nacktsamige Pflanze, die es nur im Bereich der Namib im nördlichen Südwestafrika und südlichen Angola gibt. Die Pflanze entwickelt nur zwei immergrüne Blätter, die bei alten ausgewachsenen Exemplaren eine Länge von bis zu 10m erreichen und am Blattansatz bis zu 2m breit werden können. Das Alter der größten Pflanzen wird auf 2000 Jahre geschätzt. Nach kurzem Aufenthalt wird die Fahrt in Richtung Torrabai zum „Versteinerten Wald" fortgesetzt.

Der „Versteinerte Wald von Welwitschia" ist das größte Vorkommen verkieselter Hölzer im südlichen Afrika. Bekannt wurde das Vorkommen in den Vierzigerjahren des vergangenen Jahrhunderts. Das heute unter strengem Schutz stehende, ca. 65 ha umfassende Gelände liegt ca. 45 km westlich Welwitschia unmittelbar nördlich der Straße nach Torrabai. Das Areal des "Versteinerten Waldes von Khorixas" wird von Ablagerungen der Dwyka-Serien des Karroo-Systems (Permokarbon) eingenommen, die ein Alter von etwa 200 Jahrmillionen haben. Es handelt sich um einen bräunlichen, grobkörnigen bis konglomeratischen Sandstein, der überwiegend aus wohlgerundeten Quarzkörnern besteht. Dieser Sandsteinhorizont birgt bis zu 40 m lange Stämme verkieselter Hölzer. Viele Stämme sind durch die Verwitterung an der Erdoberfläche bereits zerfallen, so daß der Boden mit den Bruchstücken verkieselter Stämme übersät ist. Eine so unmittelbare Begegnung mit der Urgeschichte der Erde ist mehr als nur beeindruckend und eine bleibende Erinnerung.

Im „Versteinerten Wald von Welwitschia"   Auf Pad

Schließlich wird die Fahrt fortgesetzt und es geht zunächst wieder zurück nach Welwitschia, von dort in südliche Richtung auf den Brandberg zu. Je mehr wir uns dem Brandberg und damit der Namib nähern, umso einförmiger wird die Landschaft. Bäume sind schon seit Welwitschia eine Seltenheit, nunmehr fehlen sie gänzlich, hin und wieder erkenne ich einzelne Sträucher oder Strauchgruppen. So windet sich das grauweiße Band der Straße über kahle Höhenzüge hinweg und durch scheinbar endlose Ebenen, an deren Horizont sich schon die Silhouette des Brandbergmassivs abzuzeichnen beginnt. Vereinzelt beobachte ich im Vorüberfahren ein kleines Rudel Springböcke, dem Wappentier Südafrikas, und Strauße.

Es geht auf 17 Uhr zu und wir haben uns dem Brandberg bis auf etwa 30 km genähert. Doch die Fahrt führt zunächst am Brandberg vorbei und nach etwa einer dreiviertel Stunde taucht hinter einigen Hügeln die Minenstadt Uis vor uns auf. Diese Stadt verdankt ihre Existenz einer Zinnerzlagerstätte, die im Tagebau abgebaut wird. Ein kurzer Halt an einer unmittelbar an der Straße liegenden Halde gibt Gelegenheit einige mineralogische Belegstücke aufzusammeln – Zinnsteinpegmatit und Rosenquarz.

In Uis finden wir glücklicherweise noch eine geöffnete Tankstelle, in der ein neuer Schlauch in den defekten Reisen eingezogen wird. Nun sind wir wenigstens wieder im Besitz eines Reserverades, wenn auch nach wie vor ohne brauchbaren Wagenheber!

Inzwischen ist es 18 Uhr geworden und es gilt nunmehr zügig noch vor Einbruch der Dunkelheit den Brandberg zu erreichen, weil noch ein geeigneter Lagerplatz für die Nacht gefunden werden muß. So nähern wir uns aus südöstlicher Richtung dem Brandberg, dessen kahle Hänge die untergehende Sonne in eine rote Glut taucht. Bald ist der Fuß des Massivs erreicht und Reinhard kann schnell einen Lagerplatz finden. Schließlich ist er nicht zum ersten Mal hier!

Im letzten Tageslicht werden die Feldbetten hergerichtet, dann ein Feuer angezündet und eine kleine Mahlzeit zubereitet. Der Staub des Tages wird mit einem Südwesterbier heruntergespült. Es ist gegen 21 Uhr als sich jeder in sein Feldbett verkriecht, um für die Anstrengungen des kommenden Tages ausgeschlafen zu sein.

Am Morgen heißt es lange vor Sonnenaufgang aufstehen, denn die Exkursion durch das Brandbergmassiv soll bereits beendet sein, noch ehe die Sonne ihren höchsten Stand erreicht. So wird um 6 Uhr aufgestanden und zunächst ein wärmendes Feuer angezündet. Nun in den frühen Morgenstunden dürften es unter freiem Himmel wohl kaum mehr als 5° Celsius sein und wir rückten so dicht wie möglich an das wärmende Feuer heran. Auf ein komfortables Frühstück verzichteten wir. Es gibt Kaffee und jeder schiebt sich etwas Rauchfleisch in den Mund. Dann wird alles Gerät im Auto verstaut und der Aufstieg durch die Tsisab-Schlucht in das Massiv beginnt. Der Wagen wird wohl verschlossen zurückgelassen.

Der Brandberg besteht aus einem Granitmassiv, das durch Abkühlung und Erstarrung eines glutflüssigen Magmas vor etwa 130 Jahrmillionen während der Unterkreide in der Tiefe der Erdkruste entstand. Durch anschließende Hebung der Erdkruste und immerwährende Abtragung der Erdoberfläche gelangte der Granit schließlich an die Oberfläche. Weil der Granit eine rötliche Farbe hat, scheint er bei entsprechender Sonneneinstrahlung rot zu glühen. Das Massiv erhebt sich mit einer Höhe von 2580 m NN über die aus präkambrischen Gesteinen bestehende Hochebene des südlichen Kaokoveldes. Unser Aufstieg durch die Tsisab-Schlucht folgt wohl im wesentlichen dem Weg, den während der Regenzeiten die von den Höhen herabströmenden Wassermassen hinunter in die weite Ebene in ergiebigen Re-

genzeiten nehmen. Gewaltige gerundete Granitfelsen zeugen von der Kraft, die den Wassermassen innewohnen.

Den Weg durch die Tsisab-Schlucht, den wir nehmen, mußten vor Jahrtausenden schon die
Jäger der San, die als Ureinwohner des südlichen Afrika gelten, gegangen sein, wenn sie mit
reicher Jagdbeute schwer beladen, von Frauen und Kindern umjubelt, aus der weiten Ebene
zu ihren Wohnstätten zurückkehrten. Oder aber lebten die San, die Schöpfer der Kunstwer-
ke, derentwegen wir nun ins Brandbergmassiv einsteigen, unter in der Ebene und hatten im
Bergmassiv ihre Kultplätze, die sie mit Felsmalereien ausschmückten? Mit diesen Gedanken
folge ich Reinhard, der mit sicherem Schritt vorangeht und den Weg weist. Noch müssen
einige übermannshohe Granitfelsen überklettert werden, dann liegt es an einer geschützten
Wand unter einem Felsüberhang vor uns, das wohl eindrucksvollste archäologische Erbe
Südwestafrikas, das den San zugeschrieben wird: Felsmalereien, darunter die weltbekannte
„Weiße Dame vom Brandberg". Unter den vielen Felsmalereien, die sich an geschützten
Felswänden des majestätischen, die weite Landschaft beherrschenden Berges finden, stellt
die Weiße Dame die schönste, aber auch rätselhafteste Malerei, die den San zugeschrieben
wird, dar. Wer sie war und wie diese große und schlanke Dame mit Pfeil und Bogen überhaupt unter die kleinwüchsigen San geriet, wird wohl für immer ein Rätsel bleiben. Neben
den Höhlenmalereien von Altamira in Spanien darf das etwa 6m lange Kunstwerk, das 1917
von Professor Dr. Reinhard Maack entdeckt wurde, wohl als das schönste und eindrucksvollste seiner Art in der ganzen Welt bezeichnet werden. Die Wandmalerei, deren Alter auf
2000 bis 4000 Jahre geschätzt wird, zeigt neben der Weißen Dame kleinwüchsige Jäger,
wohl San, und deren Jagdbeute: Springböcke, Giraffen, Zebras. Reinhard, der sich als orts-
kundiger Führer erweist, zeigt uns noch andere Malereien in der näheren Umgebung. Mitt-
lerweile ist es 10 Uhr und wir müssen den Rückweg antreten. Die Sonne strebt langsam,
aber unaufhaltsam ihrem höchsten Stand entgegen. Ähnlich wie in der vergangenen Nacht
beginnt sich eine unangenehme Temperatur aufzubauen – nur um 30-40 ° Celsius höher!
Nach etwa eineinhalb Stunden Fußweg erreichen wir wieder unser Auto, das noch so gerade
eben im Schatten eines der wenigen Bäume steht, so daß im Innenraum noch eine halbwegs
erträgliche Temperatur herrscht.

Blick aus der Tsisab-Schlucht nach Südosten   Die Weiße Dame vom Brandberg

Die Rückfahrt zur Farm ist wenig spektakulär. Für Kurzweil sorgt Musik von der Kassette,
zum Beispiel „Die Diplomatenjagd" und andere Lieder von Reinhard Mey und „Die
Landsknechtstrommel" vom Botho-Lucas-Chor. Am Ugab-Rivier wird eine kleine Pause ein-
gelegt und gegen 16 Uhr erreichen wir wieder Chairos. Die persönlichen Dinge werden aus
dem Wagen geladen und dann führt der erst Weg unter die Dusche. Nach dieser Erfrischung

zieht es jeder vor, einige Stunden der Ruhe einzulegen, bevor uns um 19 Uhr der Gong zum Abendessen ruft.

Eine zweite Fahrt hat den Etosha-Nationalpark zum Ziel. Dieser Teil Südwestafrikas ist bereits 1907 vom damaligen deutschen Gouverneur Friedrich von Lindequist zum Wildreservat erklärt worden. Das Zentrum des Wildreservats ist die Etoshapfanne, ein Salzsee, der nur in besonders ergiebigen Regenzeiten mit Wasser gefüllt ist. Während des sonstigen Jahres bedeckt eine schmutziggraue Salzkruste den ausgetrockneten Seegrund. Bis vor einigen Jahrzehntausenden war die Etoshapfanne ein ständig wasserführender See, der wohl von Kunene gespeist wurde, erst als dieser seinen Lauf nach Norden verlegte, trocknete der See allmählich aus und hinterließ eine Kalk- und Salzpfanne.

Von Chairos können wir die Etosha nach dreistündiger Autofahrt erreichen. Auf die Mitnahme von Feldbetten haben wir dieses Mal verzichtet, weil für Besucher komfortable Rastlager unterhalten werden.

Es folgen nun drei Tage intensiver Wildbeobachtungen: Elefanten, Löwen, Schakale, Giraffen, Gnus, Springböcke, Zebras und vieles mehr, kurzum die gesamte Fauna des südlichen Afrika in einer Landschaft ursprünglicher Wildheit. Hier gelten bis heute wie schon von Anbeginn der Zeit die scheinbar grausamen Gesetze der Natur, denen einst auch unserer Vorfahren unterworfen waren und die Entwicklung zum überlebensfähigen, vernunftbegabten Lebewesen erzwangen.

Rastlager Okaukuejo in der Etosha

Zebras in der Etosha

Die erste Übernachtung erfolgt im Rastlager Okaukuejo. Weil unser Bungalow fast in unmittelbarer Nähe einer künstlich angelegten Wasserstelle liegt, können wir den nächtlichen Besuch von Löwen und Elefanten nahezu hautnah erleben. Überhaupt sind Wildbeobachtungen an den Wasserstellen meistens lohnend. Der zweite Tag führt mich an eine historische Stätte, die ehemalige deutsche Festung Namutoni. Heute, nach Jahrzehnten des drohenden Verfalls, ist diese Festung zum Kulturdenkmal erklärt und bietet Raum für ein Restaurant, mehrere Gästezimmer und ein Museum. Aufsehen erregte Namutoni im Januar 1904 als sieben Reiter der deutschen Schutztruppe einem Angriff von angeblich 500 aufständischen Ovambo standhielten. Nachdem sich die Schutztruppler wegen Munitionsmangel im Schutze der Nacht zurückziehen mußten, wurde das nunmehr leerstehende Fort von den zurückkehrenden Ovambokriegern am nächsten Tag zerstört. Der Wiederaufbau erfolgte 1907 in der heutigen Form. Als Nachtquartier diente eine sogenannte „Skihütte" außerhalb der Festungsmauern.

Für die dritte und letzte Übernachtung in der Etosha ist ein Zelt im Rastlager Halali reserviert. In der Nacht läßt sich leider die Bekanntschaft mit wenig liebenswerten kleinen Geschöpfen nicht vermeiden. Erst am Morgen bemerken mein Vater und ich eine Vielzahl von Einstichmalen auf meinem Körper. Außer den schon zu Genüge bekannten Moskitos, die schon auf der Farm allabendlich mit von lautem Summen begleiteten „Sturzflugangriffen" das Einschlafen verschönern, haben mich, so Reinhards Diagnose, Sandflöhe (*Tunga penetrans*) heimgesucht. Die Spuren ihrer blutigen Mahlzeit sollen mich noch etwa vierzehn Tage zieren.

Die Rückfahrt nach Chairos führt uns über Outjo, um hier einige Einkäufe zu erledigen. Einige Kilometer vor der Stadt mache ich zum ersten Mal seit zwei Wochen wieder Bekanntschaft mit Asphaltstraßen. Auch in Südwest läßt sich eben der zivilisatorische Fortschritt nicht aufhalten! Von Outjo sind es dann noch etwa drei Stunden Fahrt bis zur Farm.

Es folgt nun noch eine Woche Farmaufenthalt, die mit verschiedenen Aktivitäten und Unternehmungen ausgefüllt ist: kleinere Exkursionen zu Fuß oder mit dem Land-Rover zur Erkundung der Umgebung, für Wildbeobachtungen oder zur Mineraliensuche; mit einem alten Willys-Jeep, Baujahr 1945, zum Wasserpumpen an einer der zahlreichen Wasserstellen auf dem Farmgelände; Einkaufsfahrten zum etwa 20 km entfernten Store, wo auch Post aufgegeben und in Empfang genommen werden kann.

Wie schon erwähnt sind auf dem Farmgelände auch Wildbeobachtungen, möglich. Weil hier das Wild jedoch bejagt wird, ist es ungleich scheuer als in der Etosha, in der in den letzten siebzig Jahren wohl nur selten ein Schuß gefallen sein dürfte. Neben dem Großen Kudu, der wegen seines Fleisches ein beliebtes Jagdwild ist, bekomme ich den Gemsbok, wie hier die Oryxantilope genannt wird, und die wohl kaum mehr als 50 cm großen

Steinböckchen zu Gesicht. Seltener zu beobachten sind die in der Etosha so häufigen Springböcke. Auch das seltene Bergzebra (*Equus zebra*) soll in den unwegsamen Regionen des Farmgeländes heimisch sein. An Beutegreifern durchstreift noch der Leopard die unzugänglicheren Farmgebiete, immer bemüht einer Begegnung mit dem Menschen, seinem einzigen Feind, auszuweichen.

Am Abend des letzten Aufenthaltstages auf Chairos, am Samstag, dem 27. September 1975, werde ich mit einem alten Brauch der Südwester bekannt gemacht, dem Braaivleis. Das Wort stammt aus dem Afrikaansen und bedeutet das Braten und Verzehren von Bratwurst, der Boerewors, einer zu einer Schnecke aufgerollten Grillwurst, und anderem Fleisch unter freiem Himmel. Dieser Brauch geht auf burischen Siedler zurück, die sich im 19. Jahrhundert von der Kapkolonie in das nahezu menschenleere Gebiet zwischen Oranje und Vaal wagten.

So sitzen mein Vater und ich nun zusammen mit der Farmerfamilie und anderen Gästen um ein Feuer herum. Es wird gegessen, getrunken, erzählt und gesungen – auch das Südwesterlied! So verbringe ich den letzten Abend unter dem Kreuz des Südens und der Morgen ist nicht mehr fern als sich ein jeder in sein Bett zurückzieht.

Der nächste Morgen steht ganz im Zeichen der Abreise. Nach einem letzten Farmerfrühstück werden die ersten Sachen verpackt. Ein letztes Mal wird im Kreise der Farmerfamilie und der übrigen Gäste ein reichhaltiges Mittagessen eingenommen; dann um 14 Uhr heißt es Abschied nehmen.

Tot siens, Chairos! Auf Wiedersehen, Chairos!

Zunächst geht es mit dem Auto über Outjo zum Bahnhof in Otjiwarongo, von dort mit dem Zug nach Windhoek. Dieses Mal verläuft die Bahnfahrt ohne Zwangsstopps, so daß der Zug am Montag, dem 29. September 1975, fahrplanmäßig um 6 Uhr in Windhoek einfährt. Eine Viertelstunde später sind wir im Hotel, nun im Thüringer Hof, und wenige Minuten später auf dem zuvor reservierten Zimmer. Nach einem kräftigen Frühstück mit Ei und Schinken begeben wir uns auf die Kaiserstraße. Windhoek erwacht aus seinem Schlaf und es regt sich bereits geschäftiges Leben auf den Straßen. Nach drei Wochen städtischer Abstinenz tut es richtig gut, wieder einmal Großstadtluft zu schnuppern. So erscheint mir Windhuk mit seiner Mischung aus Tradition und Moderne noch reizvoller als in den ersten Tagen meines Aufenthaltes.

Es ist Dienstag, der 30. Oktober 1975, und nun heißt es auch von Windhoek Abschied zu nehmen. Ein Bus bringt uns um 8 Uhr vom SAA-Terminal in der Kaiserstraße zum J. G. Strijdom Lughawe. Um 11 Uhr 30 sind wir bereits auf dem Jan Smuts Lughawe in Jo´burg. Der Rückflug nach Europa wird mit der Luxavia am 1. Oktober 1975, um 23 Uhr angetreten. Von Luxemburg geht es dann wieder mit Bus und Bahn über Düsseldorf und Oberhausen nach Buer. Pünktlich um 18 Uhr 19 ist der heimatliche Zielbahnhof Gelsenkirchen-Buer-Nord erreicht, dem Ausgangspunkt der Reise vor vier Wochen.